ブックレット *No. 6*

まち育てのススメ

北原啓司

弘前大学出版会

目次

第一章　「まちづくり」から「まち育て」へ…1
1.「まち育て」ってなに？
2.まちを「たべる」プロ
第二章　「まち育て」における参加とは…11
1.「公」と「私」
2.〈つながりの公〉としての「私」の空間
3.あっと驚く「こみせ」トラスト
第三章　ストックを活かす「まち育て」―煉瓦倉庫のつぶやき―…23
1.ストックの時代
2.「忘れたって、いいんですよ」

第四章　まちを育てるための方法とは…29
1.「まち学習」は発見的方法
2. ワークショップの魔法「創造的ケンカのススメ」
3.「まち育て」はエンドレス

第五章　弘前の「まち育て」…51
1. 大人のための「まち学習」―『土手住専科』の試み―
2.「街なか居住」は誰のもの？
3. 物語を編集する「まち育て」

あとがき…62
～「まち育て」はタウン・マネジメント～

◆関連文献…64

第一章　「まちづくり」から「まち育て」へ

1.「まちづくり」ってなに?

皆さんは、「まち育て」という言葉を聞いたことがあるでしょうか。「まちづくり」なら、ほとんどの人が知っているはずです。しかし「まち育て」となると、聞いたことがあるような、ないような・・・。しかし、これは突然思いついた造語ではなく、数年前に日本都市計画学会賞を獲得したれっきとした専門用語なのです。まずは、この言葉がどのように生まれていったか、話を始めましょう。

「まちづくり」という言葉を聞いた人は、おそらくこんなことをイメージするはずです。大きな舗装道路が開通して、歩道にはベンチや花壇が整備された中心市街地の風景。青森駅前の『アウガ』のような大規模な再開発ビル。仙台市の一番町や横浜市のイセザキ・モールのような華やかなアーケード街。中心市街地にどんどん立ち始めた高層マンション。

一方で、郊外の空気の良い土地に開発された住宅団地。農地を取得して大規模な工場を誘致した工業団地。郊外のバイパス沿いや周辺農地に新しく誕生した、大規模なショッピングセンターや大型家電量販店。

そのどれもが、間違いなく「まちづくり」の結果です。子どもたちだって、きっと、この言葉を誤解する人はいないと思われます。それなのに、この本では、あえて「まちづくり」ではなく、「まち育て」という新しい言葉を大切にしていきたいと思います。何故、私がそんなふうに考えるようになったのか。しばらくおつきあいください。

私は学生時代に工学部建築学科で「まちづくり」を学びました。おそらく日本の大学で、「まちづくり」を学ぶには、建築が一番近道だと思ったからです。もちろん他にも、経済学部や人文学部、あるいは農学部などの環境にかかわる学部も、「まちづくり」には関係しています。しかし、まちを「つくる」ための技術を学ぼうとすると、やはり工学部建築学科が最短距離にあると高校の担任教師からもアドバイスをいただいたのです。そのまま、都市計画の研究室で助手を務めることになり、毎年四月には、「まちづくり」のプロを目指す学生たちを迎え、社会に巣立つ手伝いをし続けてきた私でしたが、平成六年に弘前大学教育学部に引っ越して、ふと困ってしまいました。

教育学部で私が顔を合わせる学生たちは、「まちづくり」のプロを目指しているわけではありません。教師を目指す人たちです。まちを「つくる」などとは、けっして考えていないのです。最初はちょっと肩肘張って、この夢見る教師の卵たちに、都市計画の専門用語や「まちづくり」の技術を教え込もうとしてしまいました。でも、考えてみると、それまでも「まちづくり」の現場でつきあってきた人々は、「まちづくり」の専門家だけではありませんでした。仙台市の古くからの商店街のまちづくり委員長は、親子何代かで受け継がれてきた魚屋さんでした。市営住宅の建て替えのお手伝いをした時、話し相手は三十年もそこに住み続けてきたお年寄りでした。彼らはけっして「まちづくり」を学校で学んできたわけではありません。まちに住み続けてきた人々です。その延長で、自分たちの立場で「まちづくり」を担ってきた人たちなのです。

そう考えると、子どもたちも「まちづくり」を担う立場にいると言えそうです。子どもたちは独自の視点で私たちにさまざまなアイデアを与えてくれます。それはかなり強力な助っ人です。私が弘前大学の教育学部でつきあうことになった学生たちは、将来、地域の教師として、この豊かな可能性に満ちた子どもたちと一緒の時間を過ごすことになるわけです。ずいぶん先の長い話ですが、私が「まちづくり」の楽しさを教えた大学生たちが、いずれ地域で子どもたちに「まち」の楽しさを教えてくれる可能性があるということに気づいた時、何だか肩から力が抜けました。工学部から教育学部に移ってきて本当に良かったと実感した瞬間でした。

そして、その感謝の意味を込めて思いついた言葉、それが、まちをつくるという意味の「まちづくり」ではなく、まちを育《はぐく》むという想いを込めた「まち育て」だったのです。

2. まちを「たべる」プロ

さて、「まち育て」という言葉が生まれた背景についてはおわかりいただいたと思いますが、実際に、誰が、どんなふうに、何のためにまちを育てていけばいいのかという答えは、簡単には出てきません。ここでは、「まち育て」を担う一種の専門家としての、市民の役割について述べてみたいと思います。

皆さんは、「まちづくり」に参加するためには、まちを「つくる」技術を知らなければダメだとお考えになるでしょうか。皆さんだけでなく、「まちづくり」の現場にかかわる専門の人々の中にも、そんな先入観が蔓延しているような気がします。しかし、そうではないということを、この本ではどうしても伝えていきたいと思います。少しわかりやすく説明するために、次の図1を見てください。

私は大学の講義で、「まちづくり」を料理に例えて解説することにしています。この図は、これまでの「まちづくり」における行政と市民との関係性を示したものです。つまり、まちを

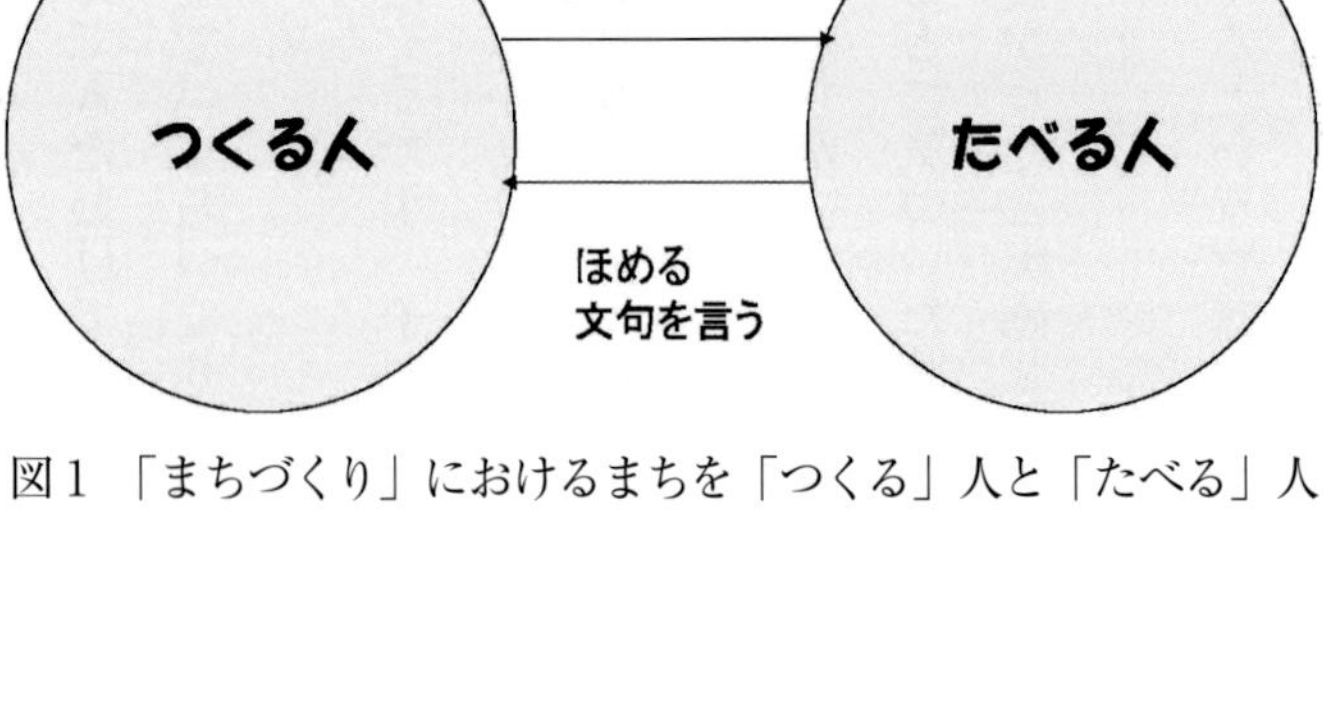

図1　「まちづくり」におけるまちを「つくる」人と「たべる」人

「つくる」人としての行政と「たべる」人としての市民の立場を表したものです。

これまでの「まちづくり」で「たべる」人が参加できるのは、料理ができた後に、直接たべる場面だけでした。「つくる」人につくってもらった料理に対して、もし自分の意見を言おうと思えば、おいしいから「おかわり」とお願いするか、「なんだかおいしくない」と言って突き返すしかなかったのです。しかも、そこで、「たべる」人が「つくる」人と顔を合わすことは、ほとんどありません。厨房の奥にいるはずの「つくる」人と言葉を交わす機会もなく、「たべる」人には不満だけが蓄積されていくのです。

こういう状況では、「つくる」人としての行政としても、「たべる」人とのかかわり、つまり市民参加に対して、あまりいい印象を持てなくなってしまいます。もし、自分がつくった料理に対する批判が出て、つくり直さなければならなくなったら、という不安が、「つくる」人と「たべる」人との距離を少しずつ遠くしていくのです。いま流行の言葉を使えば、これは「つくる」人と「たべる」人との『協働』による料理づくりにはほど遠いものです。どちらかと言えば、立場の異なる二つの主体の対立図式のような雰囲気さえ出てきています。

しかし、この本で皆さんに伝えたい「まち育て」の場面は、このような対立図式とは全く異なる世界です。それを図2に表現してみました。

たとえば、いま皆さんの地域独特のカレーライスをつくるという場面を想像してみてください。これまでの「まちづくり」では、「つくる」人が最初にすることは、東京にある霞ヶ関という大きなスーパーマーケット（?）に買い物に行くことでした。毎年二月から三月にかけて、全国各地の「つくる」人たちが、必死の形相で日本にたった一軒しかないスーパーに買い物に行くのです。そして、店員さん（お役人?）にこう尋ねるのです。

「私の都市では、来年はリンゴをふんだんに使ったリンゴカレーをまちづくりの中心施策にしたいと考えていますので、材料と、できればレシピもいただきたいのですが・・」

「あ、残念ですね。今年の補助メニューはホタテカレーと決まっているのです。そのための材料とレシピでしたら今日お渡しできますが、それ以外でしたら、ご自分で何とか頑張ってください」

こんな回答をもらってしまうと、気の弱い人は、気がつくとホタテカレーの材料を片手に地元に帰ってくるしかなくなるのです。そして、全国で同じ材料を使った同じ味のカレーライスが、同じ時期に一気に広がっていくことになります。本当に自分のまちで食べたかったリンゴカレーは、どこに行ってしまったのでしょうか。これが補助金による「まちづくり」の限界です。

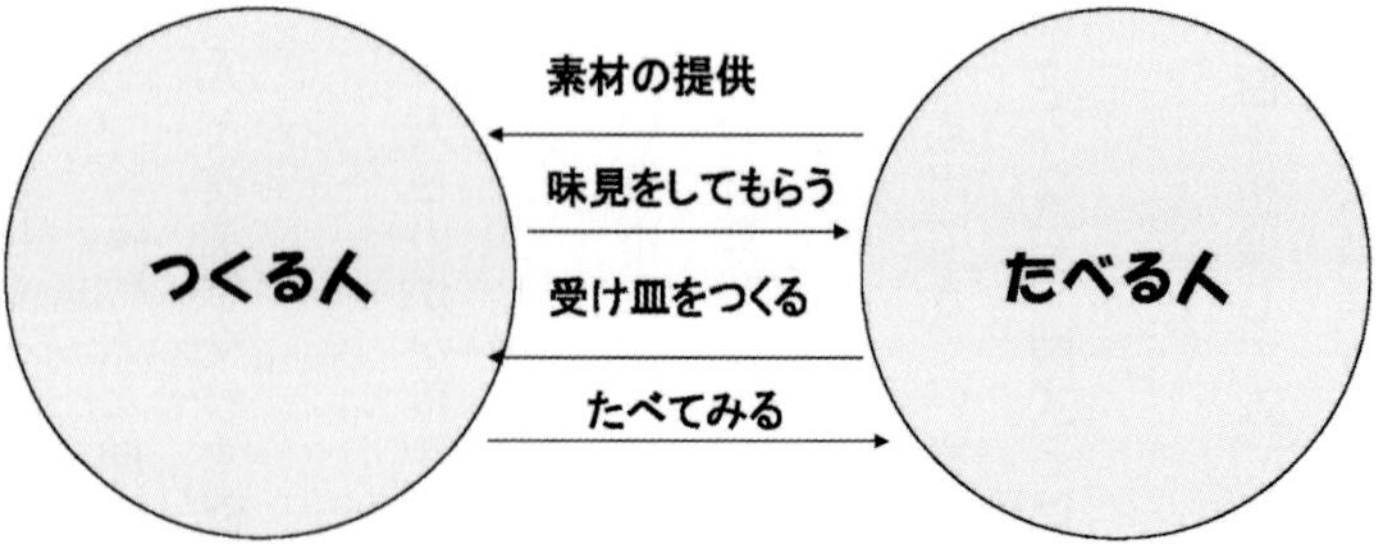

図２　「まち育て」におけるまちを「つくる」人と「たべる」人

でも、このスーパーマーケットが数年前に方針を変えたことを皆さんはご存じでしょうか。

もうこれからは、このような材料やレシピはあげられない、と言ってきたのです。準備がすべてできたところにだけ、付け合わせのサラダの材料をくれるらしいのです。そこに選んでもらえないと、何ももらえない世界になってきました。これが国の言う「選択と集中」です。もう、補助金やメニューに乗っかるかたちで「まちづくり」を進めていける時代ではなくなってきました。そうなると、図1で示したような、「つくる」人と「たべる」人との硬直的な関係性は、ほとんど効力を発揮できなくなるわけです。では、どんな関係性が期待されるのでしょうか。

先ほどの話に戻って、皆さんの地元でリンゴカレーのまちづくりをしていくことにしましょう。何年待っていても、もう霞ヶ関スーパーから材料もレシピも来ないことがはっきりしてきて、地域の担当者もやっと開き直りました。何も、東京まで行かなくても立派なリンゴは地元にあるのです。辛いカレーのルーに混ぜると、とても豊かで甘い味になりそうなおいしいリンゴは、目の前の庭先になっているかもしれないのです。言い換えれば、それは、まちを「たべる」人が育てたリンゴのはずです。

つまり、まちを「たべる」人は、おいしい素材を提供することによって、「まちづくり」にかかわることができるのです。「たべる」人の庭先で育てられた真っ赤なリンゴが、カレーの味を一段と引き立てることになります。

国の補助による材料やレシピをそのまま使うかたちで「まちづくり」を進めてきた「つく

る」人にとって、地域の優れた素材を活かしながらメニューを考え、料理方法を工夫するためのエネルギーはとても大きいものであると思います。しかし、それに成功した地域は、どこにもない宝物としての素材をふんだんに活かした、地域独特のカレーライスをつくり出すことができるのです。

さて、メニューを考え、ふさわしい材料を見つけ出し、それにあった料理方法を考え出した「つくる」人は、いよいよ調理をスタートさせます。ここで生み出されていく新たなメニューは、経済的に苦しい状況にあるために生じてしまう素材や調理器具の不備をカバーするために、「つくる」人と「たべる」人との協働による味つけ作業によって、おいしく仕上げられていくことになります。当然、「たべる」人は、味見にも参加します。おいしい素材を育てて提供した「たべる」人だからこそ、味見をする意味があると思いませんか。

そして、味見を終えた「たべる」人は、後は「つくる」人の力量を信じて、おいしくでき上がったカレーを食べるための受け皿づくりを始める必要があります。文字通り、カレーを食べるための素敵なお皿を用意し、洒落たテーブルクロスを調達して、その食卓の中央には、バラの一輪挿しが置かれます。「つくる」人にはとても気の回らない、そのような細かな取り組みが、料理をおいしく「たべる」ためには必要だということを、「たべる」プロは知っているのです。

そして、料理が仕上がった時、「つくる」人は「たべる」人と一緒に「たべる」ことが必要になります。これまでの「まちづくり」の場面では、「つくる」人は、作り終えた後に厨房をあとにして、他の職場に移るケースが一般的でした。行政の人事異動は、短い期間に定期的に行われます。たとえ本人が、もう少し長くその場にいたいと考えても、やむなく異動になってしまうのです。

しかし、「まちづくり」に必要なのは、作り終えた後に「たべる」人と一緒に食卓を囲む「つくる」人の存在です。それができて初めて、まちを「つくる」人と「たべる」人との理想的な関係になるのです。

「まちづくり」に参加する場面というのは、とても限定的なものでした。「自分たちなど、そんな場面にかかわることなどできない」と、市民は半ばあきらめ、そして行政は、「とりあえず意見を聞いて、反対が少ないようにしなければ」という思いで、市民に向き合うしかなかったのです。しかし、「まち育て」に参加するというのは、それに比べて、とても多様で独自のスタイルを許容するものだと思いませんか。リンゴ農家のお父さんが丁寧に育てた真っ赤な「ふじ」がカレーの貴重な主役になるのです。大胆なデザインを施したカレー皿を焼いた職人さんの手腕が、カレーの味を引き立てるのです。そして食卓の上の一輪挿しに飾られたバラを栽培したお母さんも、食卓に、まさに『参加』していることになります。この人たちは、皆「たべる」プロの一員です。けっして「つくる」プロになるための教育を受けたわけではありません。これまで生きてきた中で、毎日の生活の中で「たべる」プロとして成長してきているのです。子どももお年寄りも、皆それぞれの立場で「たべる」プロなのです。そう、あなたも・・・。

第二章　「まち育て」における参加とは

1.「公」と「私」

「公共」という言葉があります。「まちづくり」が、公共的なものであるということは、誰もが疑わないはずです。「市民のために、まちをつくる」。こんな考え方が「まちづくり」の根底には流れているわけです。そういう場面では、私的なことはできるだけ我慢しなければならないと、社会では見られています。「まちづくり」のために、先祖代々から住み続けてきた土地を手放すようなケースも時々あります。「ここに大きな道路を通すから移ってくれって言われてもなあ、でも交通混雑も大変だし、仕方がないか」。こんなふうに考えて、「公」のために「私」を抑えようとするわけです。一方で、公私混同という言葉もあります。先に述べた考え方とは全く違って、私的な物事に公的な権力やお金を使ってしまうことです。曖昧にしていると、「公私の区別をしっかりつけて」などと注意されることになります。

このように、「公」と「私」は、対立するものとして捉えられることが多いようです。「まちづくり」は、「公」が行うものであって、「私」とは一線を画すものだという考え方は、そこから出ているのかもしれません。前章の表現を借りれば、まちを「つくる」人は「公」的な存在であって、まちを「たべる」人は「私」的な存在になります。ところで、「まちづくり」

というのは、本当に「公」的なものなのでしょうか。では、「まち育て」はどうなのでしょうか。そんな疑問に、答えてみたいと思います。

溝口雄三著『一語の辞典　公私』（三省堂）によれば、「公」と「私」の解釈は、そもそもの漢字の語源とは違う形で日本に広がってきたようです。中国で最も古い字書とされている後漢の許慎の『説文解字』には、次のような意味深い文章が存在しているそうです。

「公は平分なり、八ムに従う。八は猶背くなり。韓非曰く、ムに背くを公と為す」

「公」とは平等に分けることを意味しています。ところで、この「公」という字は、「八」と「ム」の二つの部分で成り立っています。「ム」はその字の形からも判断できるように、そのまま「私」を意味するものです。そして「八」は、文中にもあるように背くことを意味します。つまり「公」は、「私」に背くことになります。しかし、この背くという解釈がおもしろいのです。「八」という字の形から、皆さんは人が両手を広げている姿を想像できないでしょうか。背を向けるという意味での背くではなく、広げた両手を隣の人とつなげる形で、自分に背く。そんな深い意味が「公」にはあるようなのです。

しかし、日本に伝わってきた「公」は、「オホヤケ」と訓読されることによって、本来の中国語の意味とは全く違う解釈をされていくことになります。「オホヤケ」とは、大きい建物、あるいはその敷地を示す言葉です。しかし、大和朝廷の時代は、それが建物や土地を示すのではなく、そこに住む人、しかも、誰も侵すことのできない特別な人物を示す言葉として使われていたようなのです。つまり、当時は天皇を示す概念でした。そして「私」は、「公」の下位に存在するものと見なされました。「公」を公然の領域（ハレ）、「私」を隠然の領域（ケ）とする日本独特の領域性が創りだされていきます。その後、武士の時代には、将軍が「公」的な存在になります。そして、明治時代以降、福沢諭吉のあの名言によって、人の上下はなくなったものの、「公」にあたる存在として行政、つまり役所が登場してくるのです。中世には、天皇を「オカミ」と呼びました。江戸時代には将軍のことを「ウエサマ」と呼びました。そして、今でも役所のことを「オカミ」と呼ぶ人が少なくありません。「公」は「私」の上位の概念であるという考え方が今もあるようです。

ところが、中国の「公」は、そのような考え方とは違うのです。

「中国における公とは、市民の私や欲の集積として存在する〈つながりの公〉である」と、溝口氏は表現しています。

日本人が、公私の区別をするという場合には、二つの間にしっかりと境界線が引かれ、「私」はけっして「公」の領域には入れないことになります。しかし、中国の「公」は、不特定多数の「私」の間に、それぞれの「私」の自由な意志に基づいた新しい関係性が生まれるとき、それを「公」と定義します。少し、難しく表現すれば、私的関係にもとづいた共同性です。

私は「まち育て」における「たべる」人の参加というのは、まさにこの考え方だと思うのです。これまでの「まちづくり」では、「公」として定義された人々だけが、意見を言ったりお金を使ったりすることが認められていました。したがって先にも述べたように、市民の参加の場面は限られていました。しかし、「まち育て」は誰もが多様なスタイルで、まちとかかわることを前提とした考え方です。しかもそれは、「私」や「欲」とつながっていてもそれほど問題ないはずなのです。

自分の子ども、そして孫たちが、気持ちよく店を継いでくれることを願って、中心市街地の商店主は建て替えをします。まちを活性化させるために自分のお金を使うわけではありません。自分のために、自分の愛する家族のために、一生懸命工夫をして、努力をします。そんな考えを持った人々が、まちのあちこちに少しずつ生まれてきた時、まちはきっと活気づいてくるのだと思います。公共のためなどと、大上段に振りかぶっていくのではなく、自分のまわりの身近な空間への想いやこだわりを大事にして物事を進めることが、結果的に共同性を醸し出すことになるのです。本人は、けっして意識していなくても、これは間違いなく〈つながりの公〉になっていくはずです。

「私」が輝きながら、「私」同士の関係性の広がりとして「公」が構築されていくという中国由来の考え方は、「まち育て」の発想にそのままつながるものだと私は確信しています。

では、ここで、それをとてもわかりやすく示してくれる津軽独特の空間を紹介しましょう。

2.〈つながりの公〉としての「私」の空間

津軽には「こみせ」と呼ばれる空間があります。北陸では一般に「雁木」と称されているこの空間は、雨や雪を凌ぐことができるように、街路に面した家の軒先どうしがつながっていく歩行者のための空間です。青森県の弘前や木造、そして黒石には、今も「こみせ」が存在していますが、それでも最盛時に比べれば、数自体はかなり減少してきています。その中で、黒石市は特に「こみせ」にこだわったまちづくりを進めてきており、中心市街地には「こみせ通り」と呼ばれる街並みもあります。そういう意味では、津軽で最も「こみせ」の存在感のあるまちであると言えそうです。

写真1を見てください。これは国の重要文化財になっている高橋家の「こみせ」です。ここを歩いていると、不思議な錯覚にとらわれます。本当はこの土地は、高橋さんの敷地のはずです。もし、そうだとすれば、何の縁もない私たちが歩いてはいけないような気もします。でも、ここを歩く人々は、けっして高橋さんの私有地だとは思わ

写真 1　高橋家の「こみせ」

ずに、普通の歩道と同じように、気兼ねなく足を進めることができます。

実は驚くことに、黒石の「こみせ通り」には、写真2のように玄関のついた「こみせ」さえ存在しています。これを歩道と言うには少し無理があるかもしれません。でもれっきとした地域の歩道になっているのです。写真3はこの玄関の反対方向から見たものです。ちゃんとガラス戸がついているではありませんか。これは、もう外部の歩道ではなく建物内部の土間になっています。これなら、寒い吹雪の季節でも、安心して歩けるはずです。

しかし、「こみせ」は、商店主たちが私有地を犠牲にして市民に快適な歩行者空間を提供したい、というような気高い意識によって設置された空間ではないのではないか、と私は考えたいのです。むしろ、商店主たち

写真2　玄関のついた「こみせ」

写真3　内部化された「こみせ」

は、先に述べた錯覚をうまく活用して、店の奥に入ってくる客の増加を狙ったと見るほうが自然な気がします。それは、「こみせ」という曖昧な空間、少し難しい表現を使うと、中間領域がもたらす確率論の世界です。この空間は曖昧になればなるほど、内部と外部との境界を錯覚して入り込む人々の確率が高くなるはずです。そのような商店主たちの知恵が、雪国という独特の気候風土とシンクロするかたちでずっと存在し続けてきた空間、それが津軽の「こみせ」なのです。

店舗の前に設置されたそれぞれの「こみせ」は、道路沿いに延々とつながっていきます。道路上には除雪された大量の雪の山が存在していても、歩行者は何の不自由もなくこの魅力的な空間を通行することができるのです。玄関やガラス戸のついた「私」の空間としての「こみせ」が、何世代にも渡る形で存続し続けてきたことに、私は驚きを禁じ得ません。弘前や木造の「こみせ」が次々と消えていく中で、黒石では何とか残ってきています。何故、黒石では、時代の変化の中で持続し続けて来られたのでしょうか。その疑問に答える驚くべき事実を紹介しましょう。

江戸時代の黒石を記述した古文書によれば、当時の黒石では、「こみせ」を〈公有私用〉の空間と見なしていたことが明らかになっています。すなわち、現在は住民たちの空間として使われているけれども、本来は「公」のものであるという定義です。その上で、「こみせ」に対する課税（現代であれば固定資産税）を免除したというのです。そういう意味では、当時の黒石の行政担当者は、現実的には「私」の空間であるはずの「こみせ」を、「公」の場所として定義し直したと言ったほうがいいかもしれません。

言ってみれば、当時の黒石の役人は、「こみせ」を、地域の住民たちがまちづくりに参加している空間であると評価していたことに他ならないのです。その「参加」に応えるためのご褒美として、あるいは、これからもずっと「こみせ」を存続させて欲しいという願いから、税金を免除したと思うのです。このようなご褒美は、米国の都市計画ではお馴染みの手法として、インセンティブと呼ばれています。それを、二百年以上も前の津軽の小さな藩で進めていたという事実に、私は何だかうれしくなってしまうのです。

皆さんで力を合わせて道路を修復するとか、河川敷を整備するとか、アクションとして地域の住民が「まちづくり」に参加するのではなく、「こみせ」を存在させ続けていくだけで、無意識のうちにまちに参加していることになります。それこそが、「まち育て」の発想につながっていくのです。

3．あっと驚く「こみせ」トラスト

先に述べたようなまちへの「参加」を江戸時代から成立させてきた黒石市では、現在は、「こみせ」に対する優遇税制を実施していません。それは、現在の「こみせ通り」を見ても、すぐにうかがえます。かつては、そこに私有物を置いて通行を妨げただけで、商店街での要職を解かれる原因にもなったと言われる黒石で、今や、「こみせ」上に、住民の自動車が置かれることもあるのです。建物の老朽化から建て替えを実施することになったある商店は、「こみせ」を撤廃して売り場面積の拡大を狙いたいと考えているかもしれません。それは、ごく当然のことです。

住民が「こみせ」の持つ「参加」の意味を自覚しないままに、その空間を次第に消失させていく傾向が続いていくと、いずれは、津軽の他の都市のように、「こみせ」は地域内にまばらに存在するかたちとなって、単に懐かしさだけを弱々しく増幅させる財産になってしまう危険性があります。

しかし、黒石は何とかそのピンチを切り抜けてきたのでした。十数年前に事件は発生しました。「こみせ通り」に面した寝具店が店を閉じて、その土地をマンション建設業者に売却するという話になったそうなのです。これは、〈つながりの公〉として歩道を成立させてきた黒石としては一大事です。何しろ、高層のマンションを建てようとすれば、建築基準法によって、前面の道路からそれなりに距離を置いた場所にしか建物は建てられないことになってしまいます。ということは、自動的に、「こみせ」は分断されることになるのです。

ところが、この一大事に、それまではまるで空気のように、あたりまえのものとして「こみせ」の存在を認識していた黒石市民たちが、驚くべきアクションを起こすことになります。二〇名ほどの市民が約七千万円の現金を集めて、マンション開発予定者に売られる前に、その土地を取得したのです。

英国のまちづくり事例として有名な「開発トラスト」と全く同様の戦略です。英国では、たとえば優れた歴史的建造物（例えば教会）の隣に高層建築物が建つことによって、歴史的景観が損なわれると判断したときに、市民が隣地の開発を防ぐために、その敷地を買い取るという思い切った戦略に出ます。これを「開発トラスト」と呼んでいます。

写真４「こみせトラスト」で残った現在の「こみせ駅」

それは、無意識のうちに「こみせ」を二百年以上も持続させてきた黒石だからこそ生まれた行動であるのかもしれません。「たいした事はしていない」と照れくさそうに語る当時の関係者たちの言葉に、感動すら覚えます。

日本中どこを探してみても、何のメリットもないにもかかわらず、銀行から一人三百万円以上の借金をして、自分とは本来関係のない土地や建物を買い取った事例など存在していません。それを、全くいばることなく、「私らは単なるもつけですから」と謙遜して語っておられた、このトラストの中心人物である木下啓一さんが、十数年にも及ぶ銀行ローンが終わる直前の二〇〇五年十一月末に急死されたのが、本当に残念でなりません。

写真５　津軽こみせ株式会社のワークショップ風景
（中央が故木下啓一さん）

第三章　ストックを活かす「まち育て」 ―煉瓦倉庫のつぶやき―

1．ストックの時代

現代社会はストックの時代であると、よく言われます。どんどん新しいものを作り続けてきたフローの時代とは反対に、これまでつくってきたものを活かしながら進めていくまちづくりを、私たちはストック重視のまちづくりと呼んでいるのです。その象徴的な取り組みとして、古くから存在してきた建築物を、全く別の用途に活用した成功例がいくつかあります。たとえば、函館や横浜では、古い煉瓦倉庫が、商業施設や飲食店、そして文化施設に転用されて大成功を収めています。

ストック活用の本場であるヨーロッパでは、本当に多様な建築物の活用が展開されてきました。本来の用途とは全く違う目的で古い建築物が活用されていくことを、コンバージョンと呼んでいます。ヨーロッパでは画期的なコンバージョンが至るところで見受けられます。たとえば、パリで有名なオルセー美術館は鉄道駅のコンバージョンです。ロンドンのテムズ川沿いに誕生したテート・モダンという美術館は、なんと昔の火力発電所の活用です。煉瓦倉庫のレストランであれば、我々日本人でも想像しやすいかもしれませんが、発電所となると、ほとんどの人が意外な顔をするはずです。

さて、私の住んでいる弘前でも、そのようなストック活用の先進的取り組みが展開されてきています。しかもそれは、「公」としての行政主導ではなく、「私」の活動によるものです。私自身も、その活動に少しかかわってきており、ここではその経験を通して、現代社会におけるストック活用の意味を別の視点から述べてみたいと思います。

2.「忘れたって、いいんですよ」

弘前市の中心市街地に立地する、通称（吉野町煉瓦倉庫）は、大正時代に建設されたものであり、当時の東北地方では最大規模の酒造所であったそうです。戦後は日本で最初のリンゴ酒（シードル）も醸造されていました。多くの弘前市民がその存在を知っている場所であり、内部はどんなふうになっているのだろうと、皆、好奇心を持って眺め続けてきた場所でもありました。弘前市は今から十年少し前に、何とかこの施設を公共の文化施設として活用できないかと、その可能性を検討した時期があり、当時、私の研究室も協力しました。その後、結果的に話は立ち消えとなり、皆が気にしているものの、これまでと同様に静かに立ち続けているだけでした。

そこに突如、写真6のように、英語のロゴを壁面でまぶしく光らせながら、『奈良美智展弘前』が登場しました。二〇〇二年の真夏に約二ヶ月という期間限定で開館した、先ほど説明したコンバージョン型の美術館です。二〇〇〇年にドイツから久しぶりに故郷である弘前に戻った奈良美智さんは、子供時代からずっと気になっていたこの煉瓦倉庫に入る機会を得て、その内部空間の美しさと圧倒的迫力に感動して、横浜美術館を皮切りに全国展開をしていた奈良美智展の最終開催場所に、この倉庫を選んだのでした。実行委員会が組織されボランティアが集まり、『奈良美智展弘前』が動き始めました。

ところで、ここで皆さんに伝えたいのは、地域の活性化のために、このような建物を単に活用すべきだということではありません。もちろん、再びスポットライトを浴びさせたい、観光客の注目を集めるような賑やかな空間にしたい、死んだように静まりかえっていた空間を生き返らせたいなど、地域活性化のためのプロジェクトの場合は、そのような目的があると思われます。

しかし、私はむしろ、「場所」の復活ということを気にしているのです。「空間」としてではなく「場所」として存在することができるかということです。ちょっと小難しい表現になってしまいました。でも、コンバージョンの成否は、まさにその一点にかかっているような気がしています。

地方都市の中心市街地から、次々に生き生きとした「場所」が消え続けています。あこがれに似た気持ちで、日曜日にお父さんやお母さんと手をつないで出かけたデパートが、ずっと空きビルになっていたり、駐車場になってしまっています。これは、日本全国どこでも見られる現象です。中心市街地は、もはや市民にとってかけがえのない「場所」ではなくなってしまい、単なる空きスペース、つまりただの「空間」になっているのです。「場所」も「空間」も同じような意味だと考えられるかもしれませんが、ちょっと違うと思うのです。「空間」に人々の想いや工夫が込められることによって「場所」になるような気がするのです。

　コンバージョンという作戦で元気にさせたいと市民が考えるような建築物は、きっと昔は、市民にとっての重要な「場所」であったものが、しばらく前から、市民がかかわることのできない、単なる古いだけの「空間」になってしまっているはずです。単なる「空間」を人々にとって意味のある「場所」に変えるというのは、「空間」の中にあった機械や設備を新しいものにするだけで引き起こされるものではありません。その「空間」が、かつて「場所」であった時に存在していた物語や想いが、新しい形で甦《よみがえ》ることが必要になるのです。

写真６　奈路美智展弘前2002の壁ロゴ

　奈良美智さんをはじめとして、弘前市民にとって吉野町の煉瓦倉庫は、とても気になる、いつか絶対に内部を覗いてみたいと思う特別の「場所」でした。その想いが、当時の弘前市人口の三分の一を超える入場者数につながったことにより、全国から「弘前の真夏の奇跡」と注目を浴びた、「場所」の再生となったのです。

壁面に掲げられた英語のキャッチコピーは、奈良美智さんが全国を巡回する展覧会のためにつけたものです。この英文を、そのまま中学校で習うように訳すと、「忘れたっていいんですよ」という意味になります。展覧会の作品、あるいは奈良さん自身が、見に来てくれた人々にかけている言葉です。

でもこの言葉を、この数十年間ずっと立ち続けてきた煉瓦倉庫のつぶやきだと考えてみてください。「忘れたっていいんですよ・・・」。この、最後の「・・・」の部分が、私には聞こえてくるのです。たった二ヶ月間スポットライトを当てられる形になったこの展覧会が終わって、またもとの静かな倉庫に戻る時、煉瓦倉庫は、きっとこんなふうに感じたはずです。「ああ、久しぶりに子どもたちの声を聞いたなあ」。「なんだか私にもまだできそうなことがあるような気がするなあ」。「でもちょっと疲れるかなあ」。「やっぱり、またしばらくは静かにしているかなあ」。そして、最後につぶやくのです。「ええ、忘れたっていいんですよ、私は大丈夫です」。でも、その後に、きっとこんなふうに言っているように私には思えてなりません。「また、使いたいって？　いいよ、それまで何とか元気に生きていくから」

市民にとって忘れられない「場所」が、地方都市の中心市街地にはまだまだあります。私たちには、その「空間」が時折静かに発するつぶやきに耳を傾けて、いぶし銀の役者が引き立つ新しい物語をつくっていく必要があると思いませんか。それこそが、ストックの時代に必要とされる、本当の「まち育て」なのです。

写真７　集まったボランティアたち（2002年）

写真８　継続するムーブメント（2006年　A to Z展）

第四章　まちを育てるための方法とは

1.「まち学習」は発見的方法

まちを育てるための方法など、習ったことはない、と皆さんお考えになるはずです。国語・算数・理科・社会などと教科名を連ねてみても、まちに関係しそうな教科は、あまりイメージがつきません。「あ、そういえば、総合的な学習という時間があったはずだ」と思いつかれた方がいるかもしれません。しかし、この総合的な学習は、「ゆとり学習のせいで、児童・生徒の基礎的学力が低下した」などという不本意な汚名を着せられて、最近はちょっとトーンダウンしています。

では、どうやって「まちづくり」を学べばいいのでしょう。ここで、少し表現を変えてみましょう。「まちづくり」を本当に学ぶ必要があるのでしょうか。まちを「つくる」学習よりも、重要な学習があったはずです。そう、まちを「たべる」ための学習です。第一章でも説明したように、いま必要な能力は、まちを上手に「たべる」ことができる力なのです。舌の肥えた地域住民が必要だということです。つまり、まちを「つくる」ための料理方法を学ぶ必要はないということです。舌の肥えたまちを「たべる」人に成長するためには、たくさん美味しいものを「たべる」ことが必要です。まさにそれこそが、いま必要とされている、まちを

「たべる」ための学習です。そしてそれによって、まちは育てられていくことになるのです。それをここでは、「まち学習」と呼んでみたいと思います。

「まち学習」は、どんなふうに学べばいいのでしょう。ここで、私が十年ほど前に英国の小学校で見学させていただいた授業を紹介します。英国の小学校では、「タウントレイル」と呼ばれる授業が行われています。わかりやすく言えば、「まち歩き」です。日本では、タウンウォッチングなどという呼び方で親しまれている方法ですが、まさにそれは「たべる」人のための学習方法であると言っていいでしょう。まちを上手に「たべる」ためには、まちの隅々まで丁寧に観察しておくことがとても重要です。日常の生活では当たり前すぎて全く気づかないようなまちの魅力が、子どもたちの目を通して、多様なかたちで浮かび上がってくることになります。

ところで、私が英国のニューキャッスルの小学校でその実践を見る機会を得た「まち学習」は、実は、校庭改善のプロジェクトでした。現実の街を対象とした実践的な「まちづくり」にはつなげられなくても、校庭を〈現場〉とする「まち学習」は子どもたちにとっては極めて現実的です。なぜなら、ここで学んだ経験が、将来的に現実の「まちづくり」に活かされる可能性があるからです。別の言い方をすれば、子どもたちにとって最も身近な場所である学校の校庭改善を進めることができないのに、「まちづくり」に向かうことなどは不可能であるという考え方です。いますぐに、まちづくりに結びつかなくても、二十年後、三十年後にきっと活かせる場面があるはずだという長期的な展望から、このような授業が小学生を対象に行われています。ある意味でこれは、ボクシングのボディブローのような息の長い学習だと言えます。すぐにノックアウトはできないけれど、ゆっくり持続していくことで、最終的には試合に勝つという、地味だけれど確実な方法です。「まち学習」には、目先の効果ではなく、このような長期的な展望が必要だと思いませんか。

さて、この校庭改善プロジェクトですが、最初は、学校の敷地内を一生懸命観察してくることから始まります。目につくもの、耳に入ってくるもの、鼻で感じるもの、足で気づくもの、すべてが観察の対象になります、観察の中でさまざまなものを発見してきた後に、次に登場するのが調査です。例えば、お昼休みに校庭でサッカーをしている人が何人いたか。縄跳びをしている女の子たちが、いつも遊んでいる場所はどこか。右から三番目のブランコの鎖が古くなっているとか。一生懸命に丁寧にリサーチします。

そして、この校庭改善プロジェクトにとって、非常に重要な役割を担うのが、次の段階となる評価のプロセスです。ここで用いる評価シートの写真を見てください（写真9）。

英語で恐縮ですが、原文の方が、それに込められている真意が伝わると思うので、そのまま紹介することにします。まず、この評価シートのタイトルとして、the good, the bad & the ugly という英語が表記されています。子どもたちが、発見してきたものをどう捉えて、どうしようと考えるのか。「まち学習」の本質はそこにあります。この評価シートで、子どもたちは、自分が見つけてきたものを結果的に3つのレベルに評価することになります。

① the good

校庭改善の際に、そのまま残したいと思う、好きな場所や楽しいもの

② the bad

できれば、これを機会に学校の敷地内から取り除きたいと思うもの

③ the ugly

見た目はけっして美しくはないけれど（ugly は醜いという意味です）、取り除くよりも、なんとか工夫をして改善してみたいと思うもの

ここで特に注目したいことは、おそらく童話の「みにくいアヒルの子」がその語源になっていると思われる、the ugly です。いいものを、ただ単純に残しておけばいいという考え方ではなく、自分たちが何とか改善したい、いや一歩進んで、自分たちにこそ、それを改善する責任がある、と考えさせる狙いがこ

写真9　校庭改善評価シートの一例（英国ニューキャッスル）

の学習方法には用意されているようです。

この考え方こそ、まちを育てるために必要な最初の動機づけだと思いませんか。この世に生を受けてから十年足らずしかたっていない子どもたちには、それを改善することが無理だとか、無意味だとか、そんな発想はありません。きっと何とかよくすることができるという期待と、よくわからない自信があるのです。そんな子どもたちの気持ちをしっかり育てることによって、街も育っていく。そういう考え方が、英国の「まち学習」の根底に息づいています。さすがだと思います。

でも、「英国はすごい」と言って、感心しているだけでは仕方がありません。津軽の子どもたちにも、ちゃんとそんな目と耳と心が備わっているという証拠を、少し披露してみましょう。平成八年に文部科学省科学研究費補助金をいただいて、弘前大学教育学部附属小学校の五年生全員に使い捨てカメラを配布して、身近な風景の中から、the good、the bad、the uglyを発見してもらう調査研究を実施しました。もちろん英語表現は使わず、「好きな景観」、「嫌いな景観」、「気になる景観」という三種類の評価によって撮影をしてもらいました。そこで得られた印象的な写真をいくつか紹介します。

写真10は、「好きな景観」として撮影された場所としては最も枚数の多かった、岩木山の風景です。大人も子どもも関係なく、大好きな景観は岩木山。それこそが津軽の原風景なのだと思います。この写真を撮影してくれた小学生は、その頂上に雪が少し積もっていて、青

空と川のせせらぎが光っているところを撮りたいとこだわって、宿題の締切の後にカメラを持ってきてくれました。岩木山の写真はいろいろありましたが、この風景は、その小学生にとって、自分だけのこだわりの岩木山なのです。

写真11は、「嫌いな景観」の一枚です。しばらく前に閉店したスーパーの廃屋が、この小学生の目にはとても不気味だったそうです。誘拐犯かお化けがいそうだというコメントを書いてくれています。そして何よりも印象的だったのは、私の研究室の学生に向かってその小学生が発した「そのままにしておく弘前市役所が悪いと思う」という言葉でした。大人の仲間入りをしたつもりでいる私の研究室の学生は、その子どもに対して、「ここは、弘前市役所の土地じゃないから、べつに市役所が悪いわけではないのよ」と訳知り顔で答えたのでした。

しかし、この小学生はそれくらいのことは、ちゃんとわかっていました。その子が気にしていたのは、このような気持ちの悪い場所が、ずっとそのままにされているということでし

写真10　好きな景観（やっぱり大好き岩木山）

た。誰の土地かが問題ではなく、まちの中で気持ちの悪い場所をそのままにしておくのは、市役所にも責任があるという意見だったのです。私たち大人は、『空間の維持管理の責任は、当然その土地を所有している人にある』、と考えることに慣れてしまっています。でも、この小学生のつぶやきは、そんな大人たちが思わずうなってしまう、まさに正論でした。皆さんの「場所」は、市役所が所有しているかどうかが問題なのではなく、皆さんが気にしている「場所」だというメッセージを、小学生が独特の言葉で表現してくれていたのです。

「たべる」人の「まち学習」が、「つくる」人の「まちづくり」に活かされていく場面とは、このような「たべる」人のつぶやきや気づきからスタートしていくのだと思います。あきらめにも似た大人の先入観は、そのような感性からだんだん遠い方向に私たちを連れて行ってしまいます。

一方で「気になる景観」として撮影された子どもたち独特のユーモアあふれる二つの写真を見ていただきましょう。最初は、弘前市の中心市街地に立地するデパートの最上階を、前

写真11　嫌いな景観（そのままにしておく市役所が悪いと思う!?）

面の街路側から撮影した写真です。題して『カップラーメン』。全国的に著名な建築家が設計した建築物であっても、小学生の目には、あくまでカップ麺の容器に似た不思議な建物でしかないのです。このような純粋な評価が「まち育て」には必要なのだと思います。

そして何といっても私が思わず脱帽した一枚の写真。タイトルは『気になる警官』。「だって先生は、『気になるけいかん』を撮影して来なさいと言ったもん」というこの小学生のセンスに、思わず「山田くん、座布団十枚持ってきて」と言いたくなりました。

英国のように系統だった「まち学習」を経験していない日本にも、こんなに感性のするどい、そしてちゃんとユーモアも知っている子どもたちが育っていると思うと、私は何だかとてもうれしくなりました。「たべる」人としての舌を、ちゃんと持っているのです。後は、それを我々大人が育てていくことが必要になるはずです。「たべる」人としての子どもたちの舌が肥えていけば、それにつられるように、そして「たべる」人に負けまいと、まちを「つくる」

写真12　気になる景観（カップラーメン）

人の力量が向上していくことになります。そして、私たちのまちは、きっと『あずましく』なっていきます。それが、「まち育て」です。

ところで、写真14は、数年前に弘前市の都市計画マスタープランを策定する際に、各中学校区で開催された地域別の懇談会（「まち育て」の集い）で、授業の延長として船沢小学校の児童たちがワークショップに熱心に参加して議論してくれている様子です。通学路で毎日見る景色や問題点を、とてもリアルに発言してくれました。

しかし、時々私たちは、このように発想豊かな子どもたちと向き合う場面で、勘違いをしてしまうことがあります。例えば、まちづくりのワークショップに小学生に参加してもらった際に、「子どもたちが参加すると、場の雰囲気が柔らかくなるし、盛り上がるから参加してもらいました」などとあいさつをしている主催者を見かけることがあります。イベントに子どもを巻き込むと参加者も増えて成功するといった感覚でお話をされているのだと思います。

この考え方は明らかに間違っています。子どもたちはれっきとした「たべる」プロなので

写真13　気になる警官!?

す。堅苦しい場がなごむから子どもたちに参加してもらうのではなく、彼らなりに、いや彼らならではの舌を持っていると思うから参加してもらうのです。むしろ「さまざまなアイデアを出してくれる専門家としてお招きしている」というべきなのだと思います。

たとえば、公園づくりを考えてみましょう。私たち大人は、日常生活の中で公園を眺めることはあっても、実際に利用することはほとんどありません。いくら私がまちづくりの専門家であっても、私には「こんな遊具で遊びたい」とか「あの公園のベンチはすわりづらい」などと発言する力がありません。それこそ、百戦錬磨の子どもたちの登場が期待される場面であると思いませんか。「ブランコなんてもういらない」。「アスレチックみたいな冒険遊びがしたい」。「気持ちよくウンチのできるキレイなトイレが欲しい」。このリアルな意見が、公園づくりに大きな影響を与えるのです。そんな、子どもたちの専門家としてのアドバイスを活かして、実際にできあがった青森市の公園の紹介をしてみましょう。

写真14　ワークショップに参加した船沢小の児童たち

2．ワークショップの魔法「創造的ケンカのススメ」

皆さんの中には、まちづくりのワークショップに参加したり、見学をされた経験のある方がいらっしゃるかもしれません。堅苦しい会議ではなく、皆さんでざっくばらんに議論をすることのできる集まりだというイメージ、あるいは模型をつくったり、地図を書いたり、写真を撮ってきたり、単なる机の上の議論ではなく体も動かす作業という印象など。いろいろ感じられたかもしれません。とりあえず楽しい会議というイメージだと思います。

しかし、まちづくりワークショップの本場である米国では、けっして楽しい会議ではないようなのです。むしろ、普通に議論をすると揉めそうな課題を真剣に議論する方法として、ワークショップが活用されるケースの方が多いようです。つまり、ある意味で「対立」から一つの答えを生み出そうと、参加者が知恵と工夫を集める会議であり、もっと前向きな表現をすれば「創造的なケンカ」なのです。

ここでご紹介する事例は、そんな「創造的なケンカ」によって、津軽に登場することとなった本格的な住民参加による公園と、前節でも述べたように、そこで「たべる」プロとしての子どもたちが、いかに大きな役割を演じてくれたかというお話です。

そもそもこの公園計画は、青森地方気象台の跡地としてそのまま置き去りにされていた原っぱを、何とか使えないかと地域住民の皆さんが考え始めたところからスタートします。

ちょうどその頃、青森商工会議所青年部の皆さんが、ワークショップを活用した住民参加型まちづくりの勉強会をしており、私も講師として御一緒する機会がありました。この気象台跡地の存在を知った青年部のメンバーは、学んだことを早速実践に移す絶好のチャンスであると考えて、青森市佃の町内会の皆さんや佃小学校の先生や児童とその家族、浪打商店街の皆さんに声をかけるかたちでこのプロジェクトが動き始めました。

青森市で初めてのバリアフリーの公園をつくりたいという希望を持った障害者支援のグループも加わり、さまざまな人々が一堂に会して行われたワークショップは、十数回も開催されました。住民参加型公園として日本で最も有名な世田谷区深沢の「ねこじゃらし公園」のビデオの鑑賞会から始めて、青森市内に設置された新しい公園の見学会や、商店街の通行者を対象とした街頭インタビュー調査、空間カルタを用いた設計ワークショップ、色模造紙による模型づくりなど、公園づくりを目標とした一連のワークショップは、平成九年の一月から約十ヶ月間をかけて進められ、その成果として平成十年に東北最初の本格的住民参加による公園「つくだウェザーパーク」が誕生しました。

写真15のカラフルな模型は、町会長の葛西良三さんが思わず机に上がって（写真16）模型づくりに熱中した平均年齢六十歳を有に超える熟年グループによる制作です。本当に楽しそうな童話の世界のような公園だと思いませんか。一方で、子どもたちが作った模型（写真17）は、とても現実的でした。ブランコ、滑り台、砂場という公園三点セットに少し飽きて

しまった子どもたちが選択したのは、ターザンごっこのできるようなアスレチック遊具でした。色模造紙でつくった模型ですが、それなりに見えますよね。実は、この子どもたちが後でとても大きな役割を果たすことになるのです。

ところで事件は平成九年の夏に起きました。参加者たちが三つのグループに分かれて制作した公園の模型を、市役所の担当者が見積もりをするといって持ち帰り、二週間後にワークショップが開催されたときのことです。

高齢者グループのカラフルな模型を見て市役所の担当者がつけた見積額は、なんと二億六千万円でした。この模型だけを見て、そんな金額が計算できるなんて、さすがに「つくる」プロは違います。一方で、小学生たちがつくった模型の見積額は、その半分以下の一億二千万円でした。とはいえ、それでも相当に高額の予算になり

写真15　高齢者グループによる公園模型

写真16　思わず机に乗ってしまった葛西町会長さん

ます。

その金額の大きさに興奮しながら話し合っている時でした。そこで、参加者にとっては思いもかけない言葉が市役所の方から発せられることになったのです。「青森市として公園づくりに用意できる予算は、市内一律にどこでも五千万円なんです」。

一度、とてもいい夢を見てしまった市民にとって、それは結構ショックな言葉だったはずです。「こんな公園で楽しみたい」という気持ち一心で、半年以上も皆さんで議論した結果として、予算が見積額の半分にも満たない事実を告げられ、いくつか提案を我慢してくれと言われれば、だれでもショックを受けます。

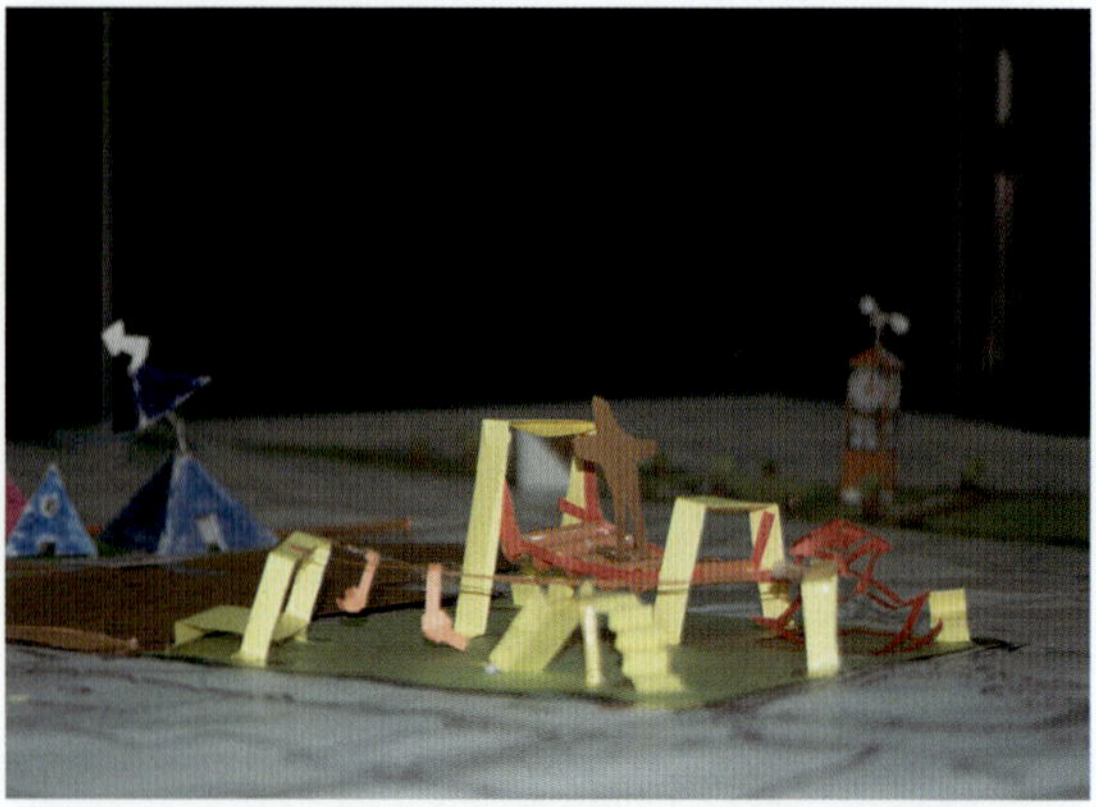
写真17　小学生たちがつくった公園の遊具模型

「こんなことなら、ワークショップなんて参加しなければよかった」。そんな悲しい言葉さえ浴びせられました。障害者を支援するグループが制作した模型を見て、「どうして障害者のために大金を使ってバリアフリーのトイレをつくらなければならないんだ」、「そんな金があったら、噴水をつくるべきだ」、「噴水のない公園は、クリープのないコーヒーみたいなものだ」。テレビのコマーシャルを見たことのない子どもたちにはチンプンカンプンの意見まで飛び出してしまい、楽しいワークショップの場が何だか険悪なムードになってしまいました。

　最後にはこんな意見まで出てしまいました。「北原さん、住民参加というのは、住民のアイデア通りに予算も用意して実現させることに意味があるのではないですか」。さすがに私は、これにはすぐに反論しました。「いいえ、違います。住民参加というのは、まちを「つくる」人と「たべる」人とが一緒に頭を悩ませながら答えを見つけることであって、住民の言うとおりにつくっていくことではないですよ」。

　とはいえ、皆さん納得しかねるという顔つきでした。その時、小学生たちは悲しそうな顔をしながらこう言いました。「別の部屋で話し合ってきていいですか」。「いいよ、ごめんね」、そう答えるしかありません。そして、ほんの数分後に彼らは戻ってきて、思い思いの遊具の模型を六種類作成して、一億二千万円と見積もりされた提案を、五千万円しかない青森市の予算に合わせるための努力として、遊具を三つあきらめると言ったのです。

写真18　障害者支援のグループによる公園模型

小学生グループの提案は、遊具を半分にしたから、一億二千万円がその半額の六千万円になる。自分たちは六千万円もあきらめたのだから、市も五千万円しか出せないなんて言わないで、一千万円くらいおまけして欲しいという提案でした。まさに、ワークショップとはこのような提案によって、交渉相手と協議をしていくための民主的な道具なのです。お母さんと一緒におもちゃ屋に行って、一つしか買ってはいけないと常々言われている子どもたちにとって、六つのうち三つをあきらめるなどということはなんでもないことです。彼らは、「たべる」プロとして、見事に大人に対して譲歩してきたのです。この言葉を聞いた市役所の担当者は、思わず吹き出しながら、「じゃあ二週間くらい時間をちょうだいね」と子どもたちに語りかけ、なんとか工夫してみることを約束したのでした。

もちろん、遊具を半分にしたからといって、予算が半分になるはずはありません。芝生のお金や樹木、そして歩道の整備などを合わせて一億二千万円ですから、遊具を三つ減らしてもそれほど効果はないと思われます。でも、子どもたちにとってはとても大きな決断でした。本当なら六つも遊具ができたはずなのに、その半分しか楽しめない、がっかりだ。でも、全然できないよりも、まだいいかもしれない。だから、ちょっとは我慢するから、つくってよ。そんな必死のメッセージが伝わってきたような感じがしたのは、市役所の担当者だけではなく、噴水にこだわった町内会のおじさんたちだったはずです。

一週間後、バリアフリーのトイレをできるだけコストを抑えて、でもしっかりつくるためのワークショップを私は提案して、その日は解散しました。そして一週間後の土曜日、私はワークショップが始まる前からとても嬉しい気持ちになったのでした。

　この写真は、噴水の設置にこだわった商店街や町内会の皆さんのグループの一人の男性が、当日に持ってきてくれた噴水の絵です。えっ、水飲み場じゃないの、と思われた方も多いと思います。前回のワークショップで、子どもたちが皆で考えて遊具を三つあきらめる決断をしたのを目撃した商店主が、では噴水も工夫をすれば、実現できるかもしれないと考えて、何十年ぶりに色鉛筆を使って、水飲み場を改良した噴水の提案を持ってきたのです。水路の断面寸法まで設計されたものでした。

「いやあ、久しぶりに色鉛筆使って描いたけど、雰囲気わかりますかね」。「はい、誰が見てもこれは噴水ですよ」。

「たべる」プロとしての小学生たちの前回の提案に心を動かされた地域のおじさんが、一念発起して描いてくれた噴水の絵です。涙が出そうになりました。

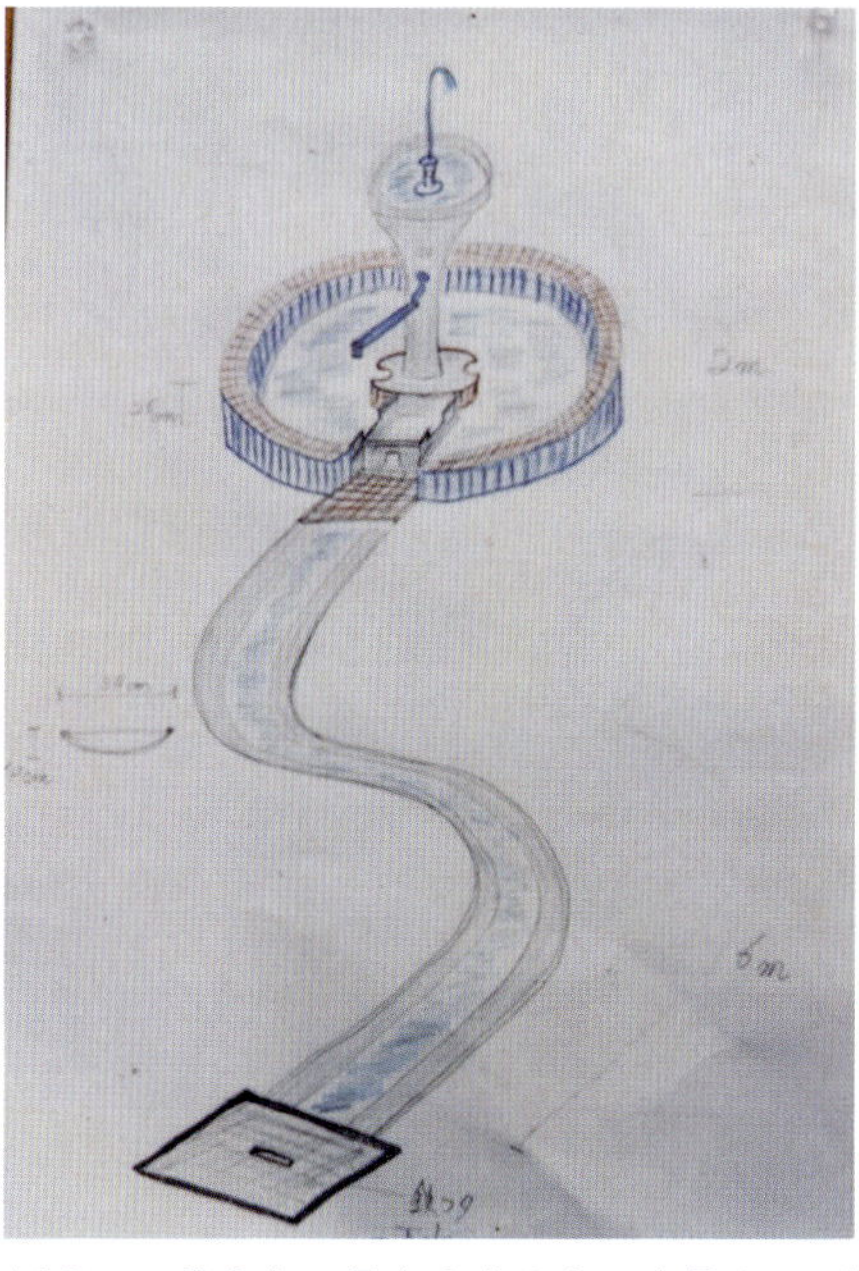

写真19　「噴水に見えますかね？」「はい！」

ワークショップは、それぞれの立場で考えられるだけの工夫をして、課題の解決に向かっていくのに、とても適した手法です。子どもたちが遊具を我慢して、商店街のおじさんが素敵な噴水を提案して、今度は「つくる」人としての市役所の担当者が、知恵と力を発揮する場面になりました。

まず、予算ですが、市制百周年事業に結びつけることによって、何とか一億円の予算を確保する努力をしてくれました。でもそれよりも、私たちが感激したのは、次の写真です。障害者を支援するグループが提案した時計台（気象台跡地だから時計台が欲しいという何だかよくわからない提案でした）のイメージを大事にしてくれた担当者は、気象台跡地にふさわしい時計台を設置してくれたのです。

時計台の上には、なんとホタテ貝の風力計が回っています。そして、ボディには、湿度が電光掲示されているではありませんか。これは、まぎれもなく、

写真20　時計台の上の風力計

写真21　まさに気象台跡地の時計台

気象台跡地ならではの時計台です。ワークショップに継続的に参加して、時には意見がぶつかり合うこともあった市役所の担当者が、結果的にそれを活かして粋なデザインをしてくれました。言葉は悪いかもしれませんが、いい意味で住民たちの共犯者になってくれたような気がしています。やっぱり共犯者という表現はよくないですね。そうです、仲間にしましょう。住民と行政担当者が仲間になる。ワークショップはそんな何とも言えない魔法を私たちにかけてくれます。

3.「まち育て」はエンドレス

さて、青森の公園づくりのお話は、まだ続きます。普通は完成すればそれで終わりだと思われるかもしれません。でも、「まち育て」は、完成した日から新たに始まっていくのです。そんな思いにさせてくれるうれしい言葉を、私はこの公園で二度聞きました。

一つ目は公園の完成式典を行った日です。ワークショップに関係した人々が実行委員会をつくって、青森市で百番目の公園「つくだウェザーパーク」完成のお祝いの会を現地で開催しました。当日はゲストとして青森市長さんも招待しました。私は、その日にどうしても断れない仕事があり、お祝いの会の最後になんとか駆けつけたのでした。それを待っていたかのように、あの机の上に乗り上がって模型づくりと格闘した葛西町会長さんが私のところに缶ビールを持ってきてくださいました。そして、こんな言葉をかけてくれたのです。

「北原先生がいつも言っていることだけれど、私たちのまち育ては、今日から始まるんだね」

私よりも三十年も人生の先輩である町会長さんの言葉に、私は胸が詰まってしまいました。

「そうですよ、これからが勝負ですね」。そう答えるのが精一杯でした。普通なら、市長さんを招待して完成式典を華々しく開催して、マスコミにも大きく取り上げられ、ワークショップに参加した同志たちと、自分たちがつくった公園で昼間からビールを飲んで焼き肉を食べてお祭り気分になって、さあそろそろ解散というところです。実際、顔見知りになった皆さんは、本当にニコニコしながらはしゃいでいました。でも、町会長さんは、真剣な顔つきで私に感謝してくださって、そして決意を述べられたのです。こういう方が地域にいる以上は、何も心配ないだろうと、私は確信しました。

その後、町会長さんたちは、毎朝公園に出かけて、ペタンクというゲームに興じていました。産みの苦しみを育ての楽しみにつなげる形で、かわいい子どもに会いに行くように出かけて行かれたはずです。公園内のトイレのトイレットペーパーは、ちゃんと町内会が用意しています。子どもを育てる気持ちと全く同じ気持ちで、町内会の皆さんは公園を丁寧に育てているのだと思います。

その町会長の葛西良三さんが、昨年の初めに何の前触れもなく急逝されました。ショックで声を失いました。でも、きっと町会長さんのことですから、皆で育てた公園がこれからも地域の生き生きとした「場所」として引き継がれていくことを、きっと天国から見守ってくれているはずです。

さて、二つ目のうれしい言葉、それは、左の写真に写っている小学生たちから聞いた言葉です。実はこの日、仙台からこの公園の見学に来た学生たちを案内して、久々に「つくだウェザーパーク」に出かけた私でしたが、そこで放課後に公園の掃除をしている彼女たちを見つけたのでした。いくら小学校の敷地と地続きになっているからといっても、小学校にこの公園を掃除する責任はありません。不思議に思って、一人の女の子に聞いてみました。「いつもこの公園の掃除をしているの？」。「うん、だって私たちの場所だもん」。

「私たちの場所」。とても気持ちのいい言葉だと思いませんか。大人が、「○○の場所」という表現を使う時には、その責任の所在を示すことが多いはずです。「○○が□□をしなければならない場所」とか、「○○が責任を取らなければならない場所」という考え方です。そしてそれは、誰が所有している場所かという点に大きく依存しています。逆に言えば、自分が所有し

写真22　公園を清掃する佃小学校の児童たち

ていない場所であれば、別に責任は無いという考え方です。

ここで思い出してください。弘前の小学生が撮影した「嫌いな景観」の一枚。空き家のままになっているスーパーマーケットを撮影した小学生は、「そのままにしておく弘前市役所が悪い」とつぶやいていましたね。その感覚と一緒だと思いませんか。小学校の敷地ではなくても、自分たちの大事な場所だから掃除をするのは当たり前だというプライドが、小学生の言葉から伝わってくるのです。まさに、この子どもたちは、「たべる」人として「まち育て」を実践しているのだと思います。

皆さんは、「私たちの場所」と言えるようなこだわりの場所を、持っていらっしゃいますか。

第五章　弘前の「まち育て」

1．大人のための「まち学習」―『土手住専科』の試み―

さて、最後は、弘前市の中心市街地のまちづくりのお話をしてみたいと思います。弘前の中心商店街の南端に位置する上土手町では、その中心を貫く県道の拡幅工事に伴い、これまでの店舗を後ろに下げるための工事をする必要が生じました。都市計画では、このような事業のことをセットバックといいます。商店街の皆さんの協力で、ゆとりある歩行者空間を生み出そうとする事業です。

一方で、弘前市では、駅前地区に合わせる形で、上土手町にも地区計画というルールを用いて、店舗を単純にセットバックするだけでなく、一階部分だけ二・五メートル壁面を後退させた

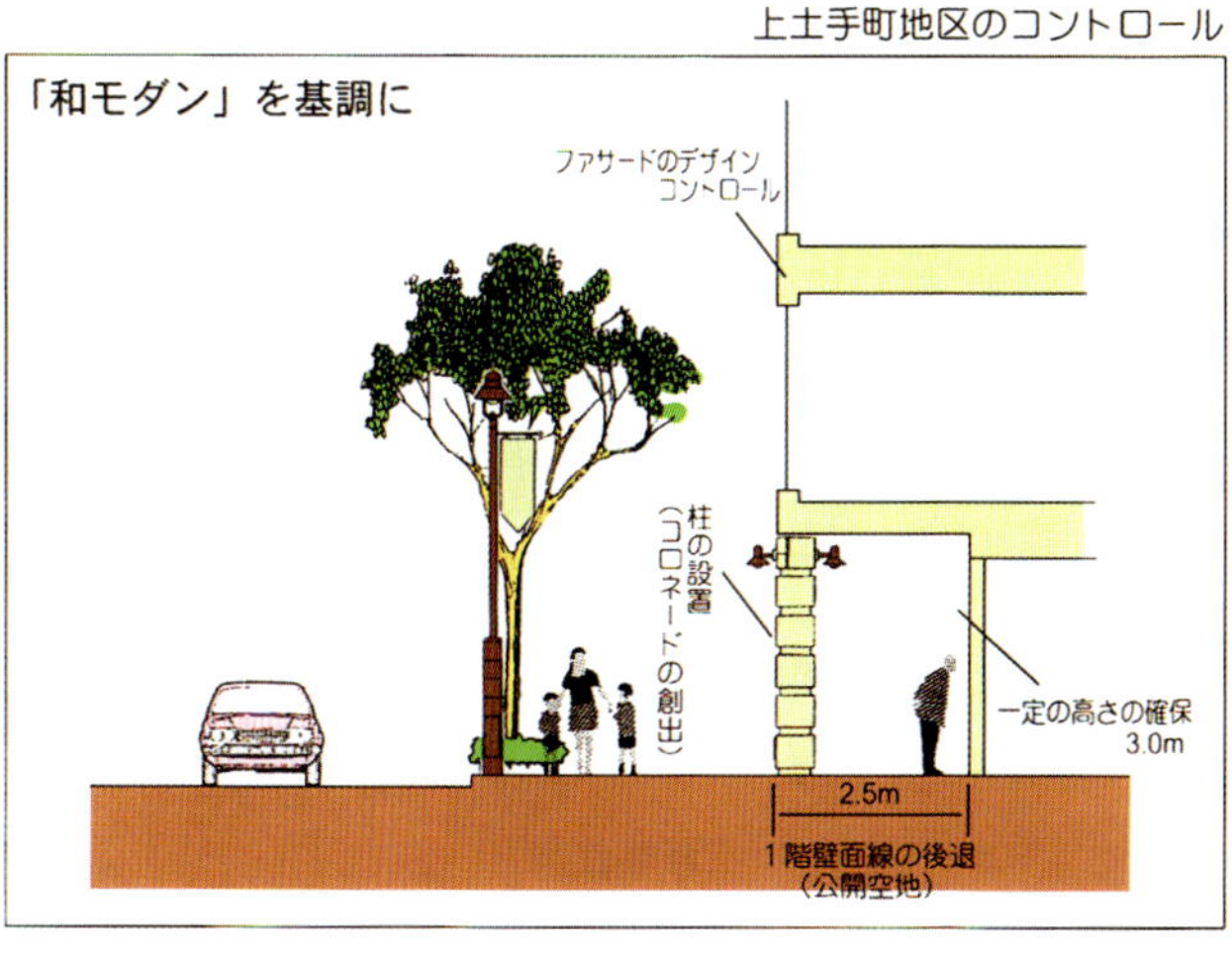

図3　上土手町の地区計画（弘前市都市計画課資料より）

現代風の「こみせ」を登場させる計画を持っていました。

そこで上土手町の商店街振興組合では、セットバックだけではなく、看板の設置や歩道部分のデザイン等、建て替えに伴うまちづくりの方向性について議論する「建築を考える会」という勉強会を一九九七年にスタートさせました。言ってみれば、大人のための「まち学習」の機会です。

その勉強会では、商店街の模型をつくって、ビデオカメラで歩行者の視点でどう見えるかを撮影したり、先進事例の学習を通して、将来の上土手町の目標イメージを皆さんで、議論したのでした。

そしてさらにそこでは、新たに設けられた別の視点からの「まち学習」の機会が設けられました。それが、ここに紹介する「土手住専科」です。単に広い道路ができて、歩道が整備されて、建物が建て替えられただけで、上土手町は安心できるのか。いま、もっと考えておかなければならないことはないのか。建築家の槇一雄さんを中心にした地元の建築家チームに私も協力をする形で、商店街の皆さんに対して、そのような問題提起をさせてもらいました。そこで生まれた勉強会が「土手住専科」です。

「土手町に住みませんか」という我々の想いを込めた勉強会の名称です。関西弁風に言えば、「どてじゅう、せんかあ」というかけ言葉にもなります。楽しい集合住宅づくりの伝道師的な存在である延藤安弘氏（当時、千葉大学教授）をお招きして、幻灯会（スライド上映会）

を実施しました。また、借地の上にオーダーメイドの集合住宅を建設するという画期的な取り組みを成功させた「つくば方式」のビデオを購入して、皆さんで鑑賞会をしました。住み続けられる商店街の先進事例として有名な、埼玉県上尾市愛宕地区への修学旅行にも行きました。

もしかしたら、ちょっと遠回りだったかもしれませんが、皆さんに商店街に住むというイメージを少しでも抱いていただきたいと考えてのカリキュラムでした。そこから生まれるまちづくりのビジョンこそが、上土手町の持続可能なまちづくりにつながるという信念で、長丁場の勉強会を楽しんでいただきました。

2.「街なか居住」は誰のもの？

中学校や高校で行われる中間テストのまねごととして、「土手住専科」でも「こんな人に住んでもらいたい」というテーマの中間テストを、ワークショップで開催しました。世間では、「街なか居住」という言葉が流行し始めた頃です。少子高齢化時代の到来で、街なかに高齢者世帯が住むというイメージを誰もが持てる時代になってきていました。郊外の広い敷地の住宅で雪片付けの苦労をするくらいなら、中心市街地のマンションで快適に過ごしたい。そんなイメージが中心となって、高齢者に利用してもらう街なかの商店街という考え方が、どの都市でも主流になっていました。

ところが、この中間テスト（ワークショップ）で、商店街の参加者の皆さんが出した答案は、とても興味深いものでした。以下に「上土手町に住んでもらいたい人」のベスト四を紹介しましょう。

（1）自分たち商店主

（2）夜遅くまで起きている人たち（漫画家・デザイナー・学生など）

（3）弘前大学の学生（できればピアノ科の女子学生）

（4）北原さん!?

実は、その当時、中心商店街の商店主たちのほとんどが、郊外の住宅地に住んでいらっしゃいました。午前十時前に自動車で店に通い、そして夕方、シャッターを閉じて帰宅する。そんな毎日を繰り返している彼らが出した結論は、まずは自分たちが住まなければイメージが湧かないという答えだったのです。

一方で、二番目に登場した「夜遅くまで起きている人たち」という表現は、別の意味でとても重要な答えだと思われます。高齢者を中心とした住宅政策の主流と考えられていた「街なか居住」ですが、高齢者、つまり「朝早くから起きている人」だけでは、商店街は困ってしまうのです。夜遅くまでシャッターを下ろさずに営業をしていくためには、自分たちがまず住もう。そして、夜でも買い物に来てくれそうな人々にすぐそばに住んでもらいたい。とはいえ、弘前に漫画家やデザイナーがそんなに住んでいるとは思えませんが、とても切実な答えであったように思います。

しかも、漫画家やデザイナー、そして学生といった若者の文化を商店街に溶け込ませたいという気持ちの表れとして、三番目に、「ピアノ科の女子学生」という、ちょっと鼻の下を伸ばしたおじさんたちならではの回答が登場しています。でも、お店の宣伝の音楽などが商店街に鳴り響くよりも、夕方の定まった時間に、ショパンの「子犬のワルツ」やモーツアルトの「トルコ行進曲」が聞こえてくるというのは、ちょっと考えただけでも嬉しくなってきます。

そして、最後の「北原さん!?」は、私を含めた今回の勉強会の教師役の専門家にも、一緒に住んで欲しいという商店街の皆さんからのラブレターであり、私たちにとっては、この上もない喜びでした。

さて、この中間テストで生み出された答案は、その後の上土手町のまちづくりにとっても重要な方向付けになったと思われます。写真23は、今から十五年前、私が弘前に移ってきてすぐの頃に撮った上土手町商店街の「こみせ」の風景です。そして、写真24が現在の商店街の風景です。まさに、劇的リフォーム、ビフォーアフターといった感じですよね。

道路拡幅に伴う、セットバック事業が実施され、お店の建て替えが行われ、そして現代風の「こみせ」が再現されたのでした。そして何よりもうれしいことに、「土手住専科」の優秀な生徒さんたちは、店舗の上に自分の家族のための住宅を用意したり、裏に小規模なアパート経営を複合させたような建て替えに挑戦してくれたのでした。

一方で、「土手住専科」をずっと見学していた弘前市役所の建築住宅課も思い切った施策を始めました。「夜遅くまで起きている人たち」が居住できる低家賃の公共的な住宅を想定することが可能となるような「借り上げ公営住宅」の制度を東北地方で初めて創設し、しかも、その第一号に、「土手住専科」の生徒であった商店主さんが応募してきたのでした。

住み続けられるまちづくりを考えていく中で、「たべる」人としての地域住民と、「つくる」人としての行政とがいっしょにつくりあげた美味しい料理として、東北初の借り上げ公営住宅は、二〇〇三年春に、弘前の中心市街地に登場しています。

さて、そんな上土手町のまちづくりを、側面から支える「まち育て」の物語が生まれていたことを、皆さんはご存じだったでしょうか。

写真23　建て替え前の上土手町商店街

写真24　現在の上土手町商店街

写真25　東北初の借り上げ公営住宅（弘前市大町）

3．物語を編集する「まち育て」

上土手スクエア。今では、結構、弘前市民の皆さんにも知られるようになった「場所」が、上土手町商店街の南端に存在しています、

そもそも、この建物の誕生は、「土手住専科」の講師役でもあった建築家の佐々木弘男さんが、当時の東奥日報弘前販売の安田社長さんを私の研究室に連れてこられたところから始まりました。いまでも思い出すと、信じられないような申し出をいただいたのでした。

「皆さんが集まって、自由に時間を過ごすことのできる場所を提供したい」

まさに、中心市街地に欲しい「場所」です。ありがたい反面、なぜそんなことを思いつかれたのだろうと疑問に思いました。しかし、返ってきた答えは、こちらが小躍りして喜びたくなるようなお話でした。

東奥日報弘前販売の土手町販売所は、上土手町の一角に存在してきましたが、今回のセットバックに合わせる形で、他の店舗と同様に建物を建て替える必要が生じたのです。そして、私たちが上土手町商店街の皆さんと進めていた勉強会「土手住専科」の存在もずっと気づいていらしたそうなのです。

自分たちの会社も、何とかそのようなまちづくりの一翼を担いたい。しかし、他の店舗のように、二階に自分が住むというような建て替えを会社として実施することはできない。そ

う考えた時に思いついたのが、みんなが集まる「場所」の提供でした。

ご存じのように新聞販売店は、夜中から朝方までが勝負です。私たちが眠っている間に、折り込み広告をはさむ作業を終えて、早朝に配達してくれます。そして夜が明けてまちが動き始めたとき、シャッターを下ろして眠りにつくわけです。「せっかく今回の整備で新しい街なみが生まれるときに、シャッターを下ろすのは申し訳ない」。「やっと街なかに住む人が増えてきても、行く場所がなくては仕方がないでしょう」。「みんなが行ってみたくなるような場所を提供してみたい」。心の底から嬉しくなるような話が続きました。そして、「一緒に計画をしてくれませんか」というお願いをされたとき、本当に飛び上がりたくなる心境でした。

そして平成十四年十二月に完成したのが、「上土手スクエア」です。新聞の配達前の作業空間を、なんと商店街の裏に回し、表側は誰もが使えるフリースペースとして提供されることになりました。一階にはインターネットのコーナーやギャラリー、会議スペースが設置され、二階には貸し会議室が二室、運営スタッフも雇用するかたちでオープンしたので

写真26　東奥日報上土手スクエア

した。それ以来、私は研究室の街なか卒論発表会を、毎年二月に開催しています。街の皆さんが見学に来てくれます。学生たちの家族も「授業参観」に来てくれます。研究でお世話になった、自治体や建築関係の皆さんも、楽しみに来てくれます。暖かな雰囲気の卒論発表会が、街なかの一角で展開されています。

一方で、実はこの「上土手スクエア」には、津軽でおなじみの空間である「かぐじ」を用意しています。垣内あるいは隠庭と表記されるこの「かぐじ」は、オモテからは見ることのできない裏庭です。それを市民に開放しようと設置されました。ある夏の夕方、私たち建築の仲間たち（弘前建築家倶楽部）は、この「かぐじ」でバーベキューパーティをしていました。心地よい風を感じながら、街なかでバーベキューを楽しむという何とも贅沢な時間を過ごしていた私たちは、二階の会議室で一生懸命練習をしている、女性コーラスグループの歌声に気づきました。一人の友人が、「よし、このパーティに呼んでこよう」。「だめだよ、酔っぱらったおじさんが行ったら、怖がられるよ」。「大丈夫だってば」。気がつくと、我々の心配をよそに、二階に元気

写真27　北原研究室恒例「街なか卒論発表会」

に上がっていってしまいました。

そして、何と、彼女たちを連れてきたのです。「せっかくだから、練習している気分で、下のステージで歌ってみませんか」。「ええ、いいんですか」。「もちろん、いいですよ、お肉も食べていってください」。

気がつくと、夢のようなコンサートが始まっていました。「かぐじ」という隠れた「空間」が、間違いなく私たちのお気に入りの「場所」になった瞬間でした。

都市には、こういう「場所」がもっとたくさんあっていいはずです。見ず知らずの人々が、ある「空間」で同じ時間を共有するとき、それはみんなの「場所」に変身する。そんな魅力をうまく活かしていくこと、それは言ってみれば、「まち育て」のための物語の編集なのです。

写真28　「かぐじ」で始まった即席コンサート

あとがき
～「まち育て」はタウン・マネジメント～

平成二十年一月三十日、弘前市に中心市街地活性化協議会が誕生しました。青森市と富山市とをトップランナーとして全国で始まった中心市街地のまちづくりの動きの中で、ついに弘前も、市民がまちを育てていくための組織をつくることになったのです。

タウン・マネジメントという言葉が、中心市街地活性化計画の中では使われてきました。マネジメントという言葉が、私たち日本人にはどうもうまく伝わってきません。管理とか運営とか、なんとなく面白くなさそうな意味に取られてしまいます。

しかし、マネジメントこそ、本当の意味で育てることにつながっていく考え方なのです。なぜなら、マネージという英語は、本来「なんとかする」とか「どうにかする」という意味なのです。まちの課題を見つけて「なんとかする」ために、いろいろと知恵を集めて対応します。そしてかけがえのないまちの宝物を再発見して、さらにそれに磨きをかけながら、「どうにかして」まちに活かしていくわけです。まるで自分たちの子どもを育てるように、まちを育てていくことを、私はタウン・マネジメントという言葉に込めたいと思います。

昨年誕生した弘前市の中心市街地活性化協議会は、そんな市民の想いを活かす受け皿として、ずっとまちを育てていってくれる組織になってくれるものと期待しています。でも、そこで必要なのは、「土手町でこんな時間を過ごしたい」、「彼女とたまに街なかでデートしてみたい」、「久々にカミさんとまちを歩いてみるか」などの、市民一人一人、すなわち「たべる」人の想いです。

まちを「たべる」人の想いやこだわりとソフトの工夫が加わることによって、単なる「空間」は「場所」に生まれ変わることができます。それを活かすための方法やそれが実現された幸せな事例を、この本ではこれまで紹介してきました。

そして、次に私が紹介したいと考えている事例は、皆さん自身がこれから関わっていくタウン・マネジメント、まだ見ぬ「まち育て」の実践です。「たべる」人としてのリアルな感性を大事にしながら、皆さんならではの「まち育て」を楽しんでみませんか。

◆関連文献

1. 溝口雄三、『一語の辞典「公私」』、三省堂、一九九六
2. 北原啓司編著、『まちづくり教科書　第六巻「まちづくり学習」』、丸善、二〇〇四
3. 佐藤滋・北原啓司他、『まちづくりの科学』、鹿島出版会、一九九九
4. 延藤安弘・北原啓司他、『対話による建築・まち育て―参加と意味のデザイン』、学芸出版社、二〇〇三
5. 温井亨、北原啓司他、『都市建築のかたち』、日本建築学会叢書3、二〇〇七
6. 北原啓司・馬場たまき、地方都市における子どもの視点からとらえた微景観の構造、日本建築学会東北支部研究報告集、第五十九号、一九九六
7. 参加型まちづくりの持続可能性に関する事例研究―青森市佃気象台跡地公園計画ＷＳを通して―、日本建築学会東北支部研究報告集、第六十一号、一九九八
8. 北原啓司、持続可能な地域計画のためのまちづくり教育の可能性―「土手住専科」における実践とその評価―、日本都市計画学会学術研究論文集、第三十四号、一九九九
9. 北原啓司、まちづくりの現場から―学習から実践へ（弘前市上土手町）―、『市街地再開発』、市街地再開発協会、第四〇九号、二〇〇四

「弘大ブックレット」刊行のことば

現在、メディアの飛躍的な発達により、社会には多くの情報があふれています。しかし、その一方で「活字離れ」がいわれるように、毎日のように膨大な数の出版物が刊行され、大量の情報が提供されているにもかかわらず、その多くが難解あるいは無関心ゆえに、読まれないまま捨てられている状況があります。一方、我々教育者が直面する教育問題もさることながら、我々を取り巻く今日の社会は、急激な変化の中で、平和、人権、生命、環境などさまざまな問題を噴出させています。

「弘大ブックレット」は、こうした今日の状況に対して、北東北に立地する地方大学としての弘前大学が担っている社会的役割に立脚し、「活字」のもつ力を復活させ、対話と交流の媒介になることを目的に刊行されました。したがって、その対象は私たちの住む地球と人間社会のあらゆる問題に関わりますが、今日の諸問題を考え、未来に向けて展望を切り開いてゆく上で求められる「知」を、社会に向けて発信し、共通のものとしてゆくことを、基本的な目的としています。そのために、小冊子ではありますが、時代の最新の課題や時代を越えた問題を取り上げ、高度な内容を保ちながら一般読者のために平易でわかりやすい記述を心がけています。

多くの読者によって本シリーズが役立てられることを念願しています。

〔著者略歴〕

北原　啓司（きたはら・けいじ）

1956年　三重県伊勢市生まれ。
東北大学大学院工学研究科博士課程修了後、同工学部建築学科助手。
一級建築士。博士（工学）。
1994年　弘前大学教育学部助教授。
2003年　同　教授。
2004年　教育学部副学部長。専門は都市計画、コミュニティデザイン。
まちづくりや住宅政策に関わる各自治体の委員を務める傍ら、住民参加型のまちづくりを実践している。
著　書…まちづくりの科学（編著、鹿島出版会）、対話による建築・まち育て（共著、学芸出版社）、まちづくり教科書「まちづくり学習」（編著、丸善）等。

弘大ブックレット（既刊及び刊行予定）

2006年９月　No. 1　佐藤三三・星野英興「転換の時代の教師・学生たち」
2007年９月　No. 2　佐原雄二「青森県のフィールドから」
2007年10月　No. 3　中路重之「Dr. 中路の健康医学講座」
2008年３月　No. 4　秋葉まり子「いまベトナムは」
2008年11月　No. 5　弘前大学人文学部柑本英雄ゼミ
「津軽から発信！国際協力キャリアを生きる JICA 編」
2009年７月　No. 6　北原啓司「まち育てのススメ」
2011年３月　No. 7　杉山祐子・山口恵子
「ものづくりに生きる人々――旧城下町・弘前の職人」
（以下続刊予定）
No. 8　斉藤利男・藤田昇治「古地図でたどる弘前城・弘前城下町」

弘大ブックレット　No. 6

まち育てのススメ

2009年７月23日　初版第１刷発行
2011年４月12日　初版第２刷発行

著　者　北原啓司
発行所　弘前大学出版会
〒036-8560　弘前市文京町１
電話 0172（39）3168　　FAX 0172（39）3171
印刷所　やまと印刷株式会社

ISBN978-4-902774-48-1